中国奶业白皮书

WHITE PAPER OF CHINA DAIRY

U0380991

2020

中国奶牛
群体遗传改良数据报告

农业农村部种业管理司
农业农村部畜牧兽医局
全国畜牧总站
中国奶业协会

中国农业出版社
北京

中国奶牛群体遗传改良数据报告2020

编委会

主　任	高鸿宾　李德发
副主任	张兴旺　杨振海　王宗礼　刘亚清
委　员	孙好勤　王俊勋　时建忠　储玉军
	卫　琳　陶伟国　刘丑生　闫奎友
	陈绍祜

中国奶牛群体遗传改良数据报告2020

编写人员

主　编	陈绍祜　储玉军
副主编	闫青霞　陶伟国　刘丑生　闫奎友
参　编	李　姣　孙东晓　李建斌　刘　林
	曹　正　何珊珊
审　稿	张　沅　张胜利

前　言

奶业是健康中国、强壮民族不可或缺的产业，良种是奶业发展的物质基础，遗传改良是提高奶牛群体生产水平的重要手段。2008年，《中国奶牛群体遗传改良计划（2008—2020年）》发布实施，全面系统部署了全国奶牛遗传改良工作，明确了今后一段时期的总体目标和主要任务，为提高奶业核心竞争力指明了方向、厘清了道路。在遗传改良计划的推动和全行业的共同努力下，我国基本构建了奶牛遗传改良技术体系，奶牛品种登记、生产性能测定、青年公牛联合后裔测定等基础性工作切实开展，遗传评估工作日趋规范，良种覆盖率显著提高，牛群遗传水平、健康状况、产奶水平整体得到提升和改善，综合生产能力显著增强。

《中国奶牛群体遗传改良数据报告（2020）》是首次由农业农村部种业管理司、农业农村部畜牧兽医局、全国畜牧总站和中国奶业协会联合发布的专业报告，通过对奶牛育种大数据进行分析，从奶牛品种登记、生产性能测定、青年公牛后裔测定、体型鉴定、基因组检测、遗传评估和种公牛培育等7个方面，展示了近30年我国奶牛群体遗传改良取得的进展，重点呈现了《中国奶牛群体遗传改良计划（2008—2020年）》实施以来所取得的成效。截至2019年末，我国累计奶牛品种登记数量达到183.2万头、体型鉴定40.9万头、生产性能测定380.4万头、青年公牛联合后裔测定2 494头、验证公牛3 236头，核心群规模达到6 400余头。全国成母牛平均年单产达到7 800kg，较2008年增加了3 000kg，增幅达62.5%。

多年来，各级畜禽种业行政主管部门、奶业协会、种公牛站、奶牛生产性能测定中心、奶牛养殖企业、有关大专院校和科研院所等单位，为中国奶牛群体遗传改良工作付出了大量的心血和努力，在此一并表示衷心的感谢！2021年是"十四五"规划的开局之年，新一轮奶牛群体遗传改良计划将发布实施，让我们携手努力，共同奋斗，书写奶牛种业新篇章，加快实现奶业全面振兴。

编　者

2020年11月

目 录

图 表 目 录

中国奶牛群体遗传改良数据报告

  奶业是健康中国、强壮民族不可或缺的产业，良种是奶业发展的物质基础，遗传改良是提高奶牛群体生产水平的重要手段。中国奶牛群体遗传改良计划是一项系统工程，具有长期性和连续性。《中国奶牛群体遗传改良计划（2008—2020年）》的实施，基本构建了我国奶牛良种繁育体系，品种登记、生产性能测定、体型鉴定、青年公牛后裔测定等基础性工作稳步推进，遗传评估工作日趋规范，良种覆盖率显著提高，推动了全国奶牛群体平均生产水平大幅提升。

  《中国奶牛群体遗传改良数据报告（2020年）》是通过对中国奶牛数据中心所采集的近30年用于遗传评估的育种数据，从奶牛品种登记、生产性能测定、青年公牛后裔测定、体型鉴定、基因组检测、遗传评估和种公牛培育等7个方面，进行综合分析和评价。本报告介绍了我国在奶牛群体遗传改良方面所取得的进展，重点展示了2008年实施中国奶牛群体遗传改良计划以来所取得的成就。

一、品种登记

  品种登记是奶牛群体遗传改良中最基础的工作，是其他工作开展的前提。目前，中国奶业协会登记的奶牛品种主要包括中国荷斯坦牛和娟姗牛。

（一）中国荷斯坦牛

中国荷斯坦牛作为我国自主培育的第一个乳用型牛专用品种，已经成为奶牛饲养中的主要品种，在全国31个省、自治区、直辖市基本上都有分布。2012年，奶牛品种登记数据库建成，当年对1992—2012年的品种登记历史资料进行了整理，完成了60.7万头中国荷斯坦牛的登记入库。截至2019年底，中国荷斯坦牛品种登记总量达到183.2万头，年均新增登记牛数16.1万头，登记范围覆盖23个省、自治区、直辖市。在中国奶牛品种登记数据库中，中国荷斯坦牛登记数据占据了主体地位，占98.3%。中国荷斯坦牛品种登记数量年度分布见图1-1。

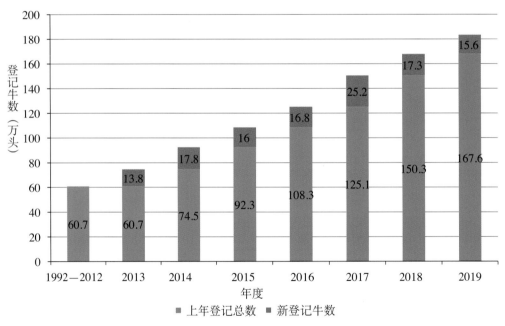

图1-1 中国荷斯坦牛品种登记数量年度分布

（二）娟姗牛

娟姗牛是小型乳用型专用品种，目前群体基础以引入为主，主要分布在辽宁、北京、广东、山东、陕西、黑龙江、湖南、四川、河北等地区。截至2019年底，中国奶牛品种登记数据库中娟姗牛品种登记总量达到了

3.2万余头，占奶牛登记总量的1.7%，分布在16个群体。其中，辽宁地区登记数量达到了10 492头，北京和广东地区登记数量均超过了5 000头。娟姗牛品种登记数量地区分布见图1-2。

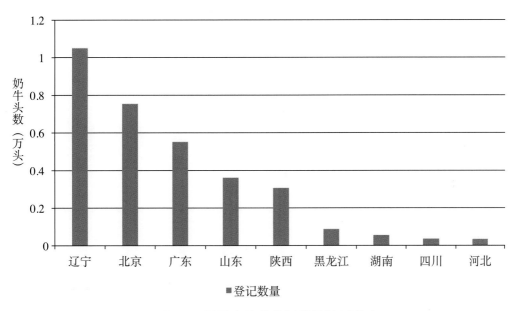

图1-2　娟姗牛品种登记数量地区分布

二、生产性能测定

在牛群中实施准确、规范、系统的个体生产性能测定，获得完整、可靠的生产性能记录，以及与生产效率有关的繁殖、疾病、管理、环境等各项记录，对于建立我国奶牛核心育种群、自主培育种公牛具有重要意义。

（一）生产性能育种数据

我国从1992年开始奶牛生产性能测定（DHI）工作，在中国－日本"天津奶业发展项目"和中国－加拿大"奶牛育种综合项目"的带动下，天津、上海、西安、杭州、北京等地区率先开展，用于公牛的后裔测定。1992—2007年，中国荷斯坦牛参测牛数逐年增加。2007年底，全国累计参测373个牛场15.6万头牛，测定记录达204万条。其中，可用于遗传评估的测定奶牛数量达到了8.24万头，分布在299个奶牛群体中，生产性能育种数据量达到93.50万条。见图2-1、图2-2和图2-3。

2008年4月28日，《中国奶牛群体遗传改良计划（2008—2020年）》发布实施，同年中央财政设立专项资金支持推广奶牛生产性能测定，奶牛

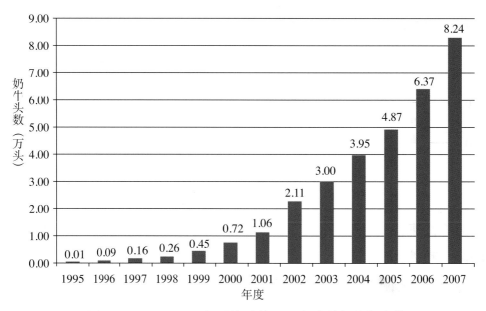

图2-1　1995—2007年累计贡献DHI育种数据的奶牛数量

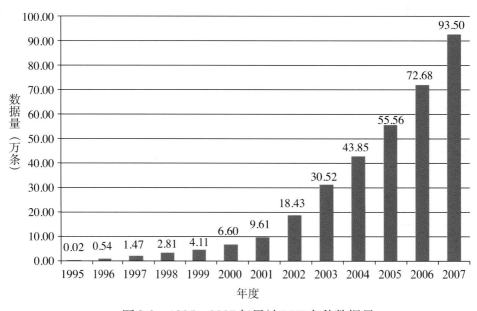

图2-2　1995—2007年累计DHI育种数据量

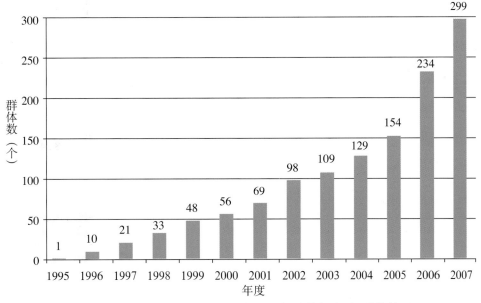

图 2-3　1995—2007 年贡献 DHI 育种数据奶牛群体数量

参测数量快速增长。截至 2019 年底，奶牛生产性能测定已覆盖了 28 个省、自治区、直辖市和黑龙江农垦、新疆生产建设兵团，全国累计参测 3 310 个牛场 380.4 万头牛，测定记录 5 031.8 万条。其中，可用于遗传评估的测定奶牛数量达到 184.3 万头牛，测定记录达 2 052 万条，分布在 2 805 个奶牛场。提供育种基础数据的奶牛数量是 2007 年的 22 倍。见图 2-4 和图 2-5。

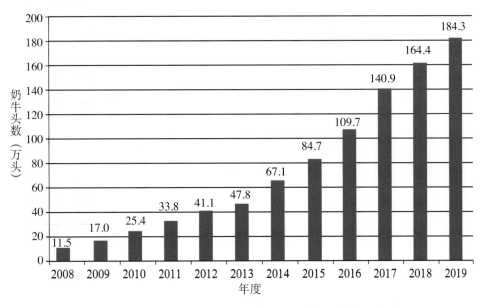

图 2-4　2008—2019 年累计贡献 DHI 育种数据的奶牛数量

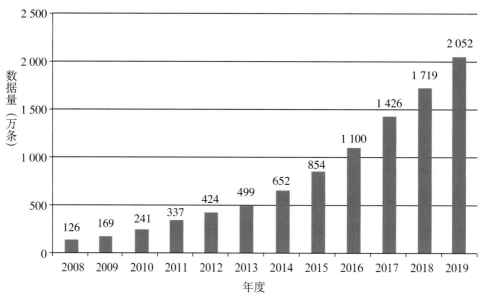

图2-5 2008—2019年累计DHI育种数据量

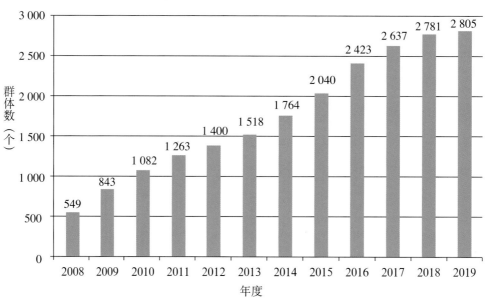

图2-6 2008—2019年累计贡献DHI育种数据奶牛群体数量

（二）生产性能育种数据采集

截至2019年底，中国奶牛数据中心共收集3 408万余条用于遗传评估的中国荷斯坦牛育种相关数据。其中，系谱数据577.3万条（母牛系谱499.6万条，公牛系谱77.7万条），生产性能测定数据2 052万条，繁殖数据779万条。奶牛生产性能育种数据主要来源于全国38个DHI测定中心（实验室），覆盖24个省、自治区、直辖市。见图2-7和附录1。

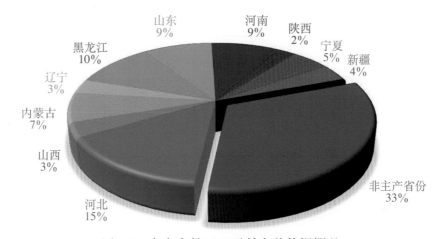

图2-7　主产省份DHI贡献育种数据概况

2019年，河北、山西、内蒙古、辽宁、黑龙江、山东、河南、陕西、宁夏、新疆等我国奶业主产省份的DHI参测牛数占到全国总参测数的79%，其累计育种数据贡献量占全国的67%。

根据奶牛养殖地域的不同，全国划分为东北和内蒙古产区（黑龙江、吉林、辽宁、内蒙古）、华北产区（河北、河南、山东、山西）、西部产区（陕西、甘肃、青海、宁夏、新疆、西藏）、南方产区（湖北、湖南、江苏、浙江、福建、安徽、江西、广东、广西、海南、云南、贵州、四川）和大城市及周边产区（北京、天津、上海、重庆）。华北产区累计贡献育种数据量达到了756.64万条，大城市及周边产区达到了503.41万条，位居前两位。见图2-8。

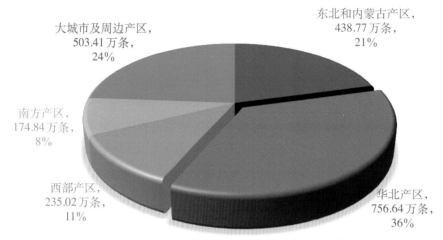

图 2-8 不同养殖区域 DHI 贡献育种数据概况

（三）生产性能表型值

1. 产奶性能表型值

随着奶牛养殖规模化建设的发展，奶牛饲养水平逐步提高，单产稳步增加。通过对用于全国遗传评估的奶牛生产性能数据进行统计分析，1995—2007年，贡献育种数据的中国荷斯坦牛泌乳牛平均305天产奶量由6.3t增加到8.3t，提高了2t，平均305天乳脂量及乳蛋白量也均有不同程度提高，体细胞数下降将近30%。见图2-9、图2-10和图2-11。

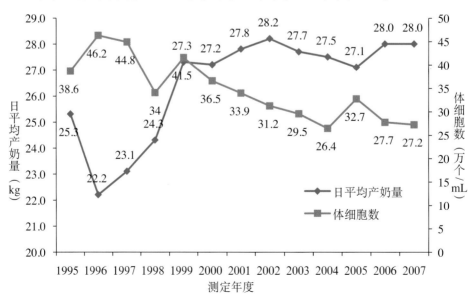

图 2-9 1995—2007 年中国荷斯坦牛泌乳牛测定日平均产奶量及体细胞数变化

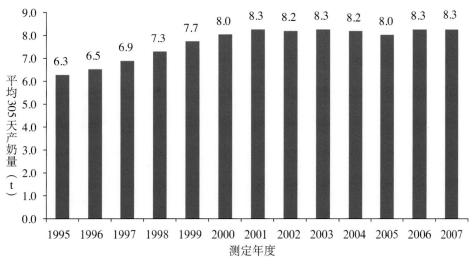

图2-10 1995—2007年中国荷斯坦牛泌乳牛平均305天产奶量

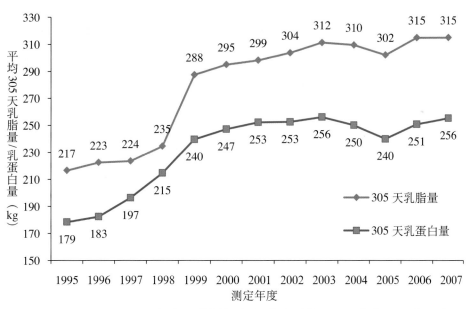

图2-11 1995—2007年中国荷斯坦牛泌乳牛平均305天乳脂量及乳蛋白量

　　2008年至今，随着奶牛遗传素质的不断提升，产奶量表型值逐年提高，乳脂量和乳蛋白量表型值稳步提升。对用于遗传评估的育种数据进行分析，2019年泌乳牛测定日平均产奶量达到33.6kg，测定日平均体细胞数下降到20万个/mL；10年间，奶牛305天产奶量平均年增长206kg，体细胞数每年约平均下降1万个/mL，奶牛群体健康水平全面提升，各项生产指标表型值年度进展明显。见图2-12、图2-13和图2-14。

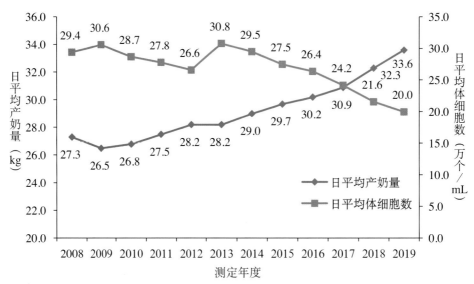

图2-12　2008—2019年中国荷斯坦牛泌乳牛测定日平均产奶量及体细胞数

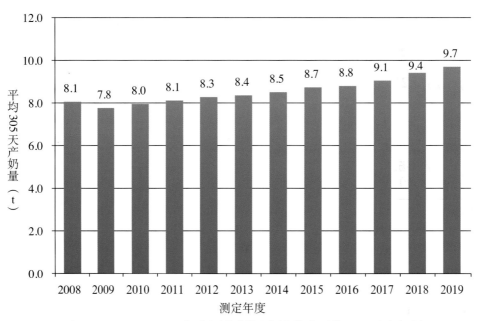

图2-13　2008—2019年中国荷斯坦牛泌乳牛平均305天产奶量

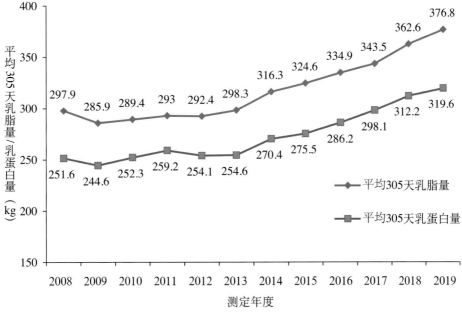

图2-14　2008—2019年中国荷斯坦牛泌乳牛平均305天乳脂量及乳蛋白量

对2019年参测奶牛场平均305天产奶量进行排名，前100名的牛场（名单见附录2）全部超过10t，最高的达到12.6t；对参测奶牛场体细胞数排名，前100名牛场（名单见附录3）体细胞数均低于14.2万个/mL。

娟姗牛累计参测12个场2.1万头牛，平均305天产奶量6.4t，测定日平均产奶量21.4kg，平均乳脂率和乳蛋白率分别为4.65%和3.63%，平均体细胞数26.3万个/mL，干物质含量也较高。见表2-1。

表2-1　2013—2019年娟姗牛生产性能测定数据情况

年份	参测场数（个）	参测牛数（头）	日产奶量（kg）	乳脂率（%）	乳蛋白率（%）	体细胞数（万个/mL）	305天奶量（kg）
2013	2	2 185	21.9	4.69	3.78	29.2	7 322
2014	4	7 703	20.4	4.73	3.68	26.7	6 223
2015	3	6 073	19.4	4.54	3.58	30.1	5 675
2016	3	4 607	16.8	4.62	3.58	27.2	5 375
2017	3	3 538	23.1	4.69	3.50	22.7	6 972
2018	5	2 684	24.7	4.77	3.62	23.4	7 502
2019	8	6 121	22.6	4.75	3.71	28.5	7 073

2.不同规模牛群产奶性能表型值

随着奶牛群体遗传改良计划的不断推进，贡献育种数据的牛群规模也在变化。2007年以前奶牛场泌乳牛群体规模集中在200头以下，群体规模与生产性能表型值相关性不显著。见图2-15、图2-16和图2-17。

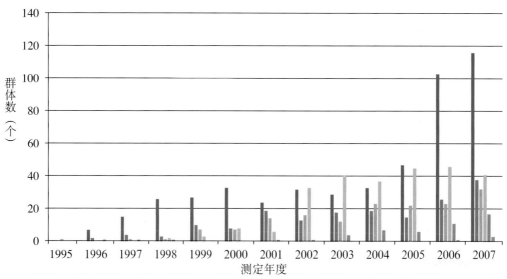

图2-15　1995—2007年中国荷斯坦牛泌乳牛不同规模群体数

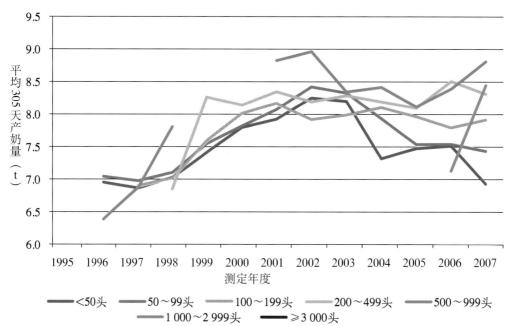

图2-16　1995—2007年中国荷斯坦牛不同泌乳牛群体规模平均305天产奶量变化

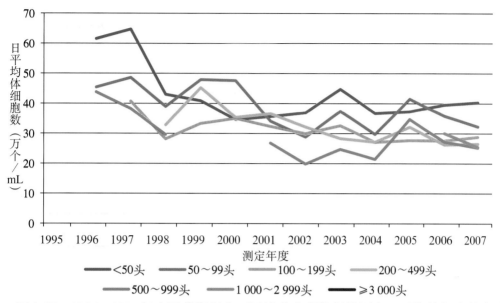

图2-17　1995—2007年中国荷斯坦牛不同泌乳牛群体规模测定日平均体细胞数变化

2008—2019年贡献育种数据的泌乳牛群体规模逐渐扩大，200头以下规模的群体占比由2007年的75%下降到40%，200 ～ 499头规模的群体占到35%，规模化程度大幅提升，逐渐出现规模超过3 000头的群体。不同规模的泌乳牛群体之间生产性能表型值区别显著，规模效益逐渐显现。见图2-18、图2-19和图2-20。

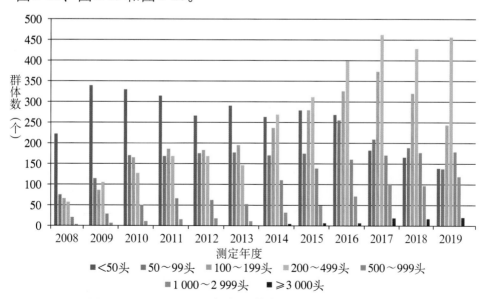

图2-18　2008—2019年中国荷斯坦牛泌乳牛不同规模群体数

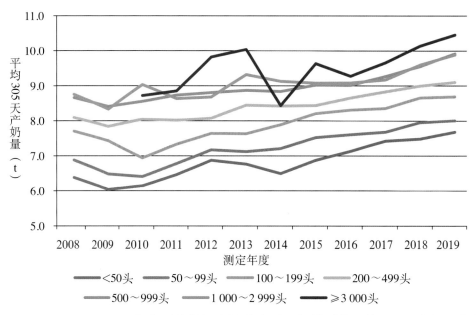

图2-19　2008—2019年中国荷斯坦牛泌乳牛不同规模群体平均305天产奶量变化

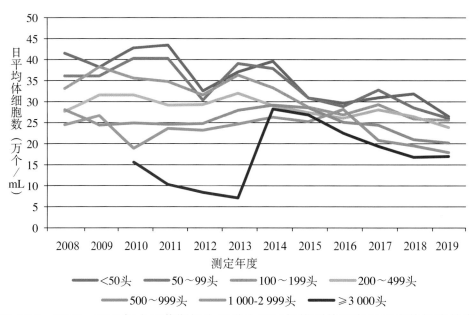

图2-20　2008—2019年中国荷斯坦牛泌乳牛不同规模群体测定日平均体细胞数变化

3.不同出生年度产奶性能表型值进展

通过对1990—2016年出生的中国荷斯坦牛的表型数据进行综合比较，可以看出，2006年以后出生的中国荷斯坦牛其表型进展速度明显大于2006年以前出生的中国荷斯坦牛，平均305天产奶量表型值年均增长145kg，较2006年以前增长94%；平均305天乳脂量和乳蛋白量的年均增长量分别为7.5kg和5.8kg，较2006年以前分别增长了97%和43%；测定日平均体细胞数年均降低量为1.6万个/mL，较2006年以前降低15%。见图2-21、图2-22、图2-23和图2-24。2008年《中国奶牛群体遗传改良计划

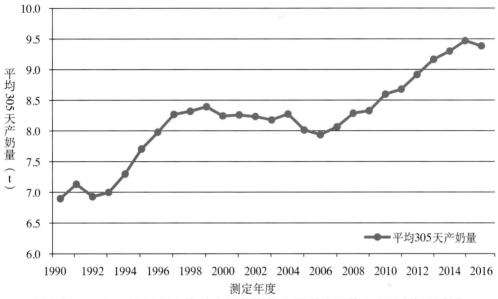

图2-21　1990—2016年出生的中国荷斯坦牛泌乳牛平均305天产奶量变化

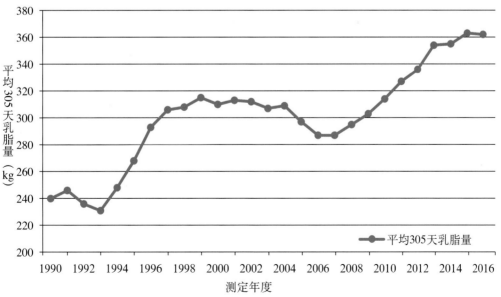

图2-22　1990—2016年出生的中国荷斯坦牛泌乳牛平均305天乳脂量变化

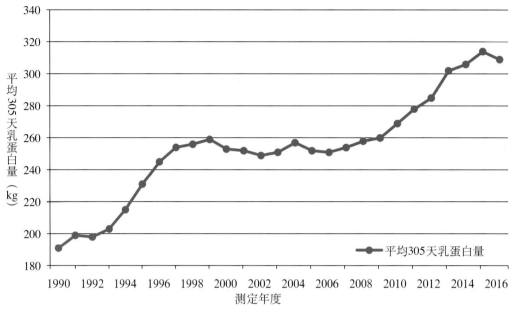

图2-23　1990—2016年出生的中国荷斯坦牛泌乳牛平均305天乳蛋白量变化

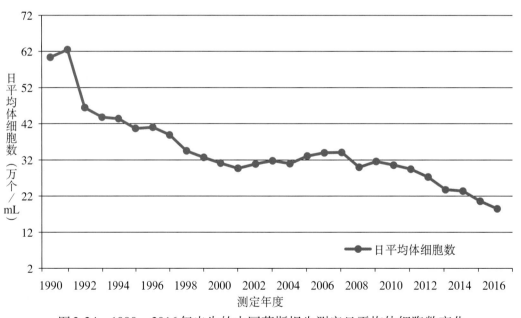

图2-24　1990—2016年出生的中国荷斯坦牛测定日平均体细胞数变化

（2008—2020年）》实施，自此全国开始有计划、有组织、有落实地开展奶牛群体遗传改良工作，2006年以后出生的牛正是遗传改良计划的主要实施群体。

4. 不同产区中国荷斯坦牛产奶性能表型值

对2008—2019年全国奶业产区的育种基础数据进行分析，东北和内蒙古产区、华北产区、南方产区泌乳牛平均305天产奶量表型值整体提升较大，南方产区最高增加了3.4t。不同产区泌乳牛平均乳成分表型值均有不同程度提升，差距逐步变小，平均305天乳脂量均达到了360kg以上，平均305天乳蛋白量均达到了310kg以上，测定日平均体细胞数在22万个/mL以下。见图2-25、图2-26、图2-27和图2-28。

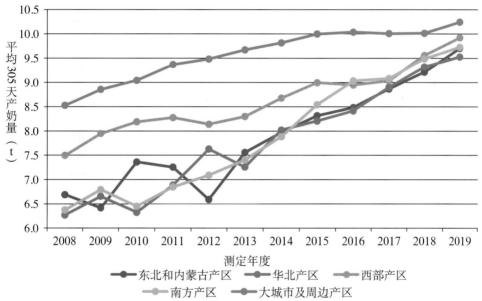

图2-25　2008—2019年全国不同产区中国荷斯坦牛泌乳牛平均305天产奶量变化

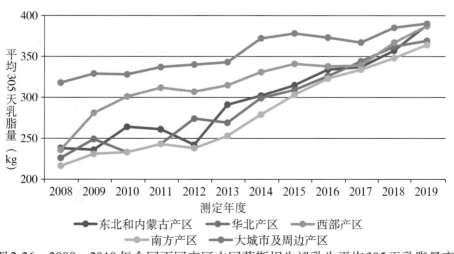

图2-26　2008—2019年全国不同产区中国荷斯坦牛泌乳牛平均305天乳脂量变化

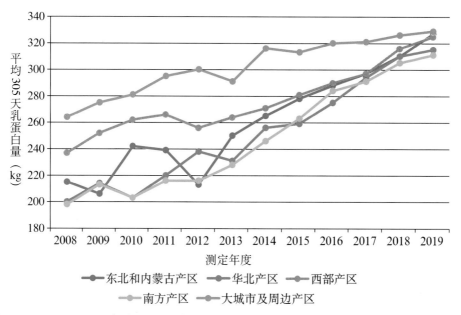

图2-27 2008—2019年全国不同产区中国荷斯坦牛泌乳牛平均305天乳蛋白量变化

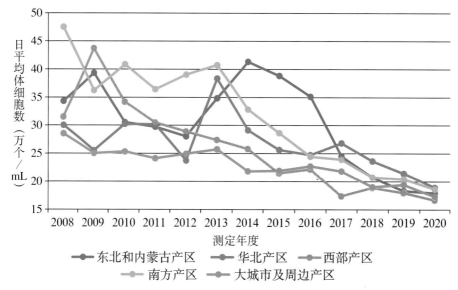

图2-28 2008—2019年全国不同产区中国荷斯坦牛测定日平均体细胞数变化

5. 持续参测牛群产奶量表型值

通过对2008—2019年持续贡献育种数据的90个奶牛场（名单见附录4）进行综合分析，参测泌乳牛年度平均305天产奶量逐年提高，从2008

年的8.5t提高到2019年的10.3t，提高了21%；乳成分表型值提高了60kg以上，体细胞数明显下降，其生产性能指标优于全国平均水平。见图2-29、图2-30、图2-31和图2-32。

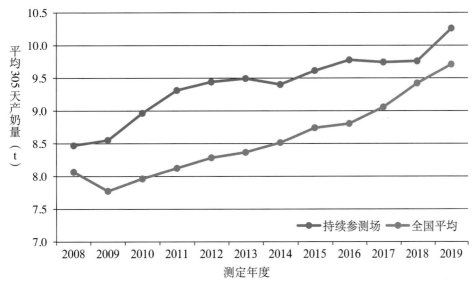

图2-29　2008—2019年持续贡献育种数据的奶牛场泌乳牛平均305天产奶量年度变化

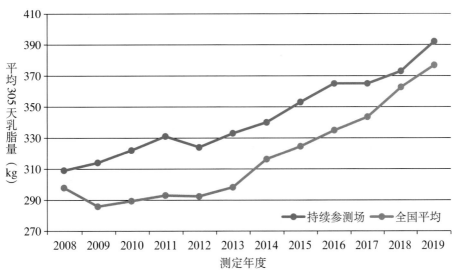

图2-30　2008—2019年持续贡献育种数据奶牛场泌乳牛平均305天乳脂量年度变化

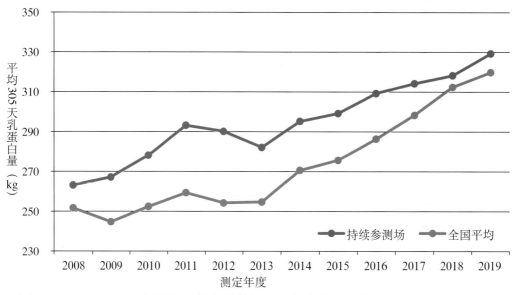

图2-31 2008—2019年持续贡献育种数据奶牛场泌乳牛平均305天乳蛋白量年度变化

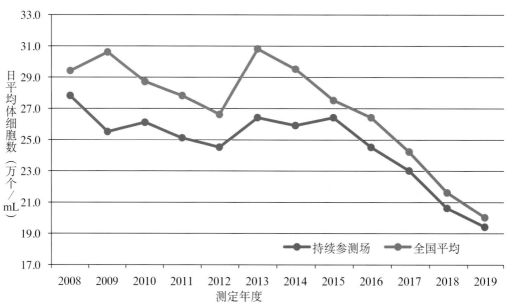

图2-32 2008—2019年持续贡献育种数据奶牛场泌乳牛测定日平均体细胞数变化

三、青年公牛后裔测定

后裔测定在奶牛群体遗传改良体系中作为评定种公牛遗传素质最可靠的方法一直被广为应用。我国青年公牛后裔测定工作从1983年中国奶业协会组织全国青年公牛联合后裔测定开始，到2010年部分种公牛站相继组建后裔测定联盟，区域合作式后裔测定工作拉开帷幕。中国北方荷斯坦牛育种联盟（以下简称"北方联盟"）和中国奶牛后裔测定香山联盟（以下简称"香山联盟"）于2010年和2013年相继成立，成员情况详见表3-1。虽然联合后裔测定的组织主体发生了变化，但是整体工作仍然继续开展，并且逐步壮大。

表3-1　后裔测定联盟组织概况

联盟名称（成立时间）	现有联盟成员
北方联盟 2010年1月17日	河北省畜牧良种工作总站
	河南省鼎元种牛育种有限公司
	山西省畜牧遗传育种中心
	山东奥克斯畜牧种业有限公司
	内蒙古赛科星繁育生物技术（集团）股份有限公司
香山联盟 2013年8月18日	北京奶牛中心
	上海奶牛育种中心有限公司
	天津市奶牛发展中心
	内蒙古天和荷斯坦牧业有限公司
	新疆天山畜牧生物工程股份有限公司

（一）1983—2007年

1983—2007年，共计交换814头后裔测定青年公牛的冻精。具体情况见图3-1。

（二）2008—2019年

2008年，《中国奶牛群体遗传改良计划（2008—2020年）》实施，要

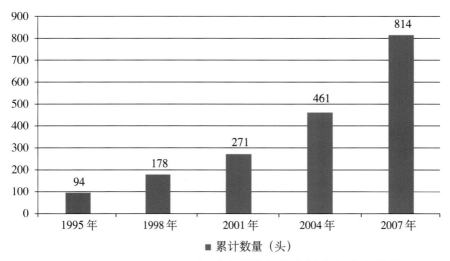

图 3-1　1995—2007 年后裔测定累计参测青年公牛数量

求全国青年公牛后裔测定稳步推进，组织大规模的青年公牛后裔测定，经科学、严谨的遗传评定选育优秀种公牛，促进和推动牛群遗传改良，并制定了每年进行 500 头以上青年公牛后裔测定的工作目标。2017 年，中国农业大学、中国奶业协会联合起草了《中国荷斯坦牛公牛后裔测定技术规程》（GB/T 35569—2017），保障此项工作规范开展。

截至 2019 年底，中国奶业协会累计组织中国荷斯坦牛青年公牛联合后裔测定 47 批次，累计交换 1 483 头后裔测定青年公牛的冻精；北方联盟、香山联盟累计分别交换 840 头和 170 头后裔测定青年公牛的冻精。见图 3-2 和图 3-3。

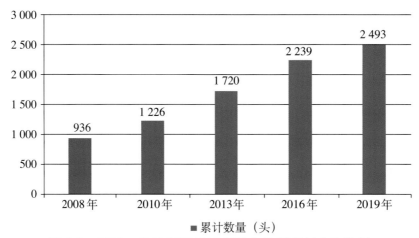

图 3-2　2008—2019 年累计后裔测定参测青年公牛数量

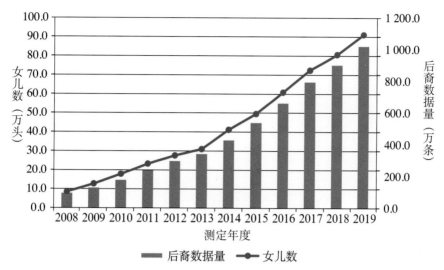

图3-3　2008—2019年中国荷斯坦牛公牛后裔测定数据收集情况

四、体型鉴定

奶牛体型鉴定工作是奶牛群体改良计划的重要组成部分，在整个奶牛群体遗传改良方面有着举足轻重的作用。体型鉴定数据的准确性直接影响公牛的遗传评估成绩，进而影响牛群的遗传改良效果。鉴定员的实战技能、工作的时效性都是影响鉴定数据的重要因素。

我国奶牛体型鉴定工作自1990年开展以来，逐步规范。2017年，由中国农业大学、中国奶业协会联合起草的《中国荷斯坦牛体型鉴定技术规程》国家标准发布。2018年，中国奶业协会发布《中国奶牛体型鉴定员管理办法（试行）》，对体型鉴定员进行专业培训和考核。同年，34位中国奶牛体型鉴定员通过中国奶业协会育种专业委员会考核，由中国奶业协会颁发证书，成为我国首批持证上岗的奶牛体型鉴定员。截至2019年底，全国共有54名持证上岗的中国奶牛体型鉴定员，名单见附录5，分布在北京、内蒙古等10个省份，在全国范围内开展奶牛体型鉴定工作。见图4-1。

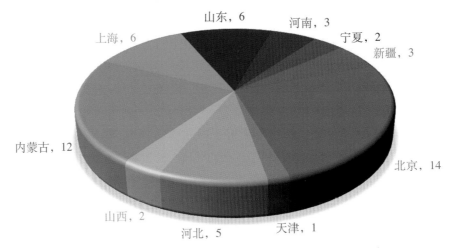

图4-1　2019年中国荷斯坦牛体型鉴定员各省份分布图

从2000—2019年，参加中国荷斯坦牛体型鉴定的牛场1 407个，累计鉴定奶牛40.2万头。全国开展中国荷斯坦牛体型外貌鉴定的省、自治区、直辖市共有28个，其中累计鉴定数量超过1万头的省份有11个，北京和内蒙古累计鉴定奶牛均超过了6.5万头；在1 000 ～ 10 000头的省份有5个。见图4-2、图4-3和图4-4。

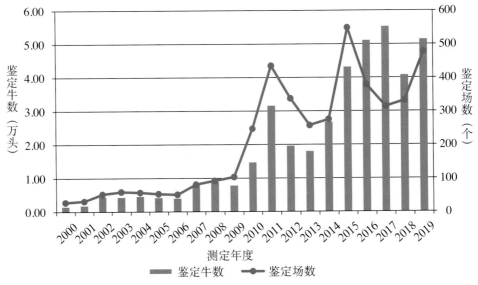

图4-2　2000—2007年中国荷斯坦牛体型鉴定场数和牛数

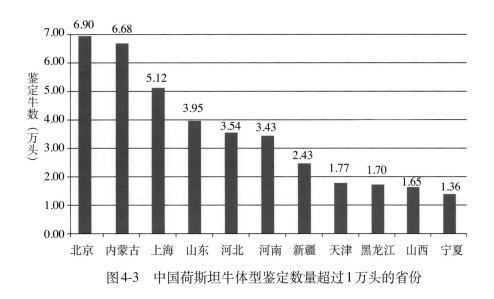

图4-3　中国荷斯坦牛体型鉴定数量超过1万头的省份

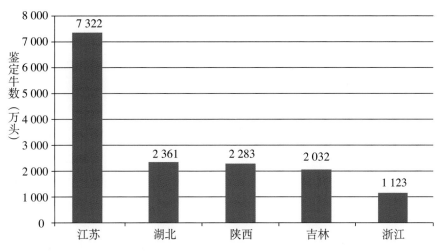

图4-4　中国荷斯坦牛体型鉴定数量介于1 000～10 000头的省份

五、基因组检测

进入21世纪以来，基于基因组高密度标记信息的基因组选择技术（简称GS）成为动物育种领域的研究热点，利用该技术，可实现青年公牛早期准确选择，大幅度缩短世代间隔，加快群体遗传进展，并显著降低育种成本。2009年始，欧美主要发达国家就将GS技术全面应用于奶牛育种中。

在农业部的支持下，2008年中国农业大学张沅、张勤教授带领团队承担了我国奶牛基因组选择技术平台的研发。2012年1月13日，"中国荷斯坦牛基因组选择技术平台的建立"项目通过教育部科技成果鉴定，并开始在全国推广应用，实现了青年公牛基因组检测全覆盖。见图5-1。

2012—2020年，国内31个公牛站自愿开展了中国荷斯坦牛青年公牛的基因组检测工作，累计检测公牛数量达到3 465头。见图5-2和附录6。

大规模、高质量的参考群体是基因组遗传评估的重要基础，用于估计基因组中每个标记对育种目标性状的遗传效应、估计每个性状的基因组育种值。2008年，中国农业大学奶牛育种团队开始组建中国荷斯坦牛基因组选择参考群体。2018年，农业农村部启动了"优质奶牛种公牛自主培育技术应用示范"项目，推动了我国奶牛基因组选择参考群体规模持续扩大。至2020年9月，中国荷斯坦牛参考群体规模达到8 650头，其中包括8 377头成母牛和273头验证公牛。2020年，农业农村部进一步加大了对扩大奶牛基因组选择参考群体规模的支持力度，2020年底参考群体规模可达1.4万头。见图5-3。

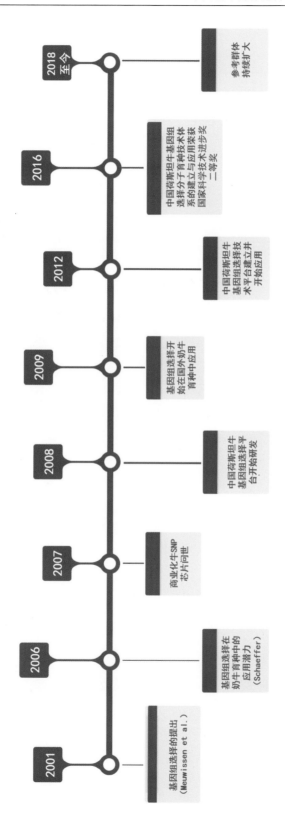

图 5-1　奶牛基因组选择技术发展及应用情况

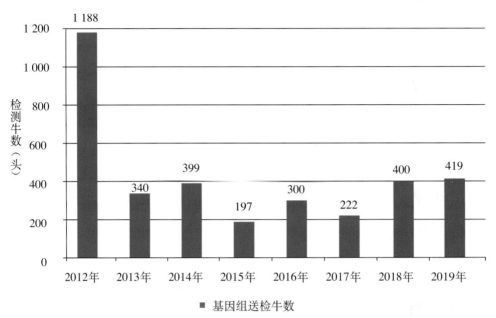

图 5-2　2012—2020 年基因组检测中国荷斯坦牛青年公牛数量

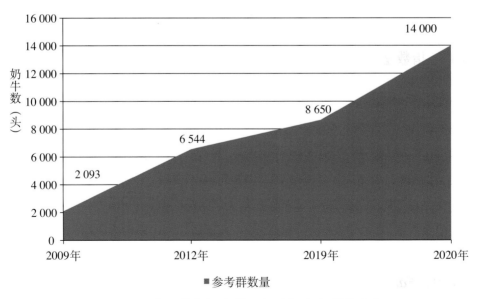

图 5-3　中国荷斯坦牛基因组选择参考群体变化

六、遗传评估

实现奶牛群体的持续遗传改良，开展遗传评估工作是其核心内容之一，目前世界上通用的主要有常规遗传评估和基因组遗传评估两种方法。

（一）常规遗传评估

常规遗传评估是以青年公牛后裔测定为核心，因性状的不同而采取不同模型的评估方法，20世纪80年代便已普遍应用。后裔测定技术有较高的准确性，有力地推动了奶牛育种的发展。时至今日，其仍是评估公牛种用价值的最可靠的方法。但后裔测定存在世代间隔长、成本高、育种进程缓慢等缺点。2007年，我国建立了对种公牛综合遗传性能进行常规遗传评估的选择指数，即中国奶牛性能指数（CPI，China Performance Index），利用公牛女儿的生产性能和体型测定数据，根据测定日模型和BLUP方法估计出公牛各性状育种值，分别进行标准化后按照相对育种重要性加权合并计算得到。目前使用的有CPI1和CPI3，2020年进行了修订。

CPI1 指数适用于既有国内女儿生产性状，又有女儿体型鉴定结果的后裔测定验证公牛。生产性状包括乳脂量、乳蛋白量、体细胞评分；体型性状包括体型总分、泌乳系统评分和肢蹄评分。计算公式如下：

$$CPI1_{2020} = 4 \times \left[\begin{array}{c} 25 \times \dfrac{Fat}{24.6} + 35 \times \dfrac{Prot}{20.7} - 10 \times \dfrac{SCS-3}{0.16} \\ \\ +8 \times \dfrac{Type}{5} + 14 \times \dfrac{MS}{5} + 8 \times \dfrac{FL}{5} \end{array} \right] + 1\,800$$

式中，*Fat*、*Prot*、*SCS*、*Type*、*MS*、*FL* 分别是乳脂量、乳蛋白量、体细胞评分、体型总分、泌乳系统评分、肢蹄评分性状的估计育种值。

CPI3 指数适用于从国外引进的有后裔测定成绩的验证公牛。2020年新版的CPI3指数包括乳脂量、乳蛋白量、体细胞评分、体型总分、泌乳系统评分和肢蹄评分6个性状。计算公式如下：

$$CPI3_{2020}=4\times\left[\begin{array}{c}25\times\dfrac{Fat}{22.0}+35\times\dfrac{Prot}{17.0}-10\times\dfrac{SCS-3}{0.16}\\[2ex]+8\times\dfrac{Type}{5}+14\times\dfrac{MS}{5}+8\times\dfrac{FL}{5}\end{array}\right]+1\,800$$

式中，Fat、$Prot$、SCS、$Type$、MS、FL分别是国外的乳脂量、乳蛋白量、体细胞评分、体型总分、泌乳系统评分、肢蹄评分性状的估计育种值。

国内验证公牛数量逐年增加，从2007年的56头增加到2019年的3 236头。见图6-1和附录7。

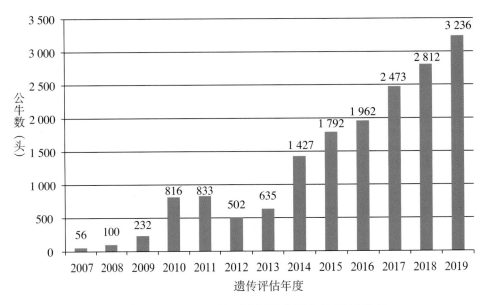

图6-1　2007—2019年全国验证公牛累计数量

（二）基因组遗传评估

基因组选择技术是利用覆盖全基因组的SNP遗传标记来估计个体育种值的方法，2009年国外开始应用，实现了青年公牛早期准确选择，大幅度缩短世代间隔，加快群体遗传进展。我国奶牛基因组选择技术在2012年开始实际应用，并在全国各公牛站推广。中国奶牛基因组选择性能指数（GCPI，Genomic China Performance Index）是利用中国农业大学构建的中国荷斯坦牛基因组选择参考群体数据平台，结合青年公牛基因组检测的SNP基因型信息，用GBLUP方法估计公牛的各性状基因组直接育种值（DGV），并与其系谱育种值进行标准化后加权合并，计算得到中国奶牛基因组选择性能指数（GCPI）。2020年修订的新版的GCPI指数计算公式如下：

$$GCPI_{2020}=4 \times \left[\begin{array}{c} 25 \times \dfrac{GEBV_{Fat}}{22.0} + 35 \times \dfrac{GEBV_{Prot}}{17.0} - 10 \times \dfrac{GEBV_{SCS}-3}{0.46} \\ +8 \times \dfrac{GEBV_{Type}}{5} + 14 \times \dfrac{GEBV_{MS}}{5} + 8 \times \dfrac{GEBV_{FL}}{5} \end{array} \right] +1\,800$$

式中，$GEBV_{Fat}$、$GEBV_{Prot}$、$GEBV_{SCS}$、$GEBV_{Type}$、$GEBV_{MS}$、$GEBV_{FL}$分别是乳脂量、乳蛋白量、体细胞评分、体型总分、泌乳系统评分、肢蹄评分性状的合并基因组估计育种值。

国内基因组遗传评估工作开展以来，评估的青年公牛数量逐年增加，到2019年累计达到了3 465头。见图6-2和附录6-2。

图6-2　2012—2019年基因组遗传评估青年公牛数量

（三）遗传进展

根据 2020 年 8 月全国荷斯坦牛遗传评估育种值结果统计出的我国奶牛遗传进展趋势，2001—2015 年，中国荷斯坦牛母牛群体在产奶量、乳脂量和乳蛋白量上的遗传进展变化明显，产奶量年均进展 49.00kg，乳脂量年均进展 1.29 kg，乳蛋白量年均进展 1.71 kg。2001—2015 年，中国荷斯坦牛公牛群体在产奶量、乳脂量和乳蛋白量上的遗传进展快于母牛，产奶量年均进展 52.36 kg，乳脂量年均进展 2.43 kg，乳蛋白量年均进展 2.07 kg。

《中国奶牛群体遗传改良计划（2008—2020 年）》的实施加快了各性状的遗传改良进展速度，2008—2015 年中国荷斯坦牛母牛群体产奶量年均进展 56.86 kg，乳脂量年均进展 1.86 kg，乳蛋白量年均进展 2.00 kg，明显快于 2008 年之前，体细胞评分、体型总分、泌乳系统评分和肢蹄评分等性状均有不同程度的遗传进展。见图 6-3、图 6-4、图 6-5、图 6-6、图 6-7、图 6-8、图 6-9，表 6-1 和表 6-2。

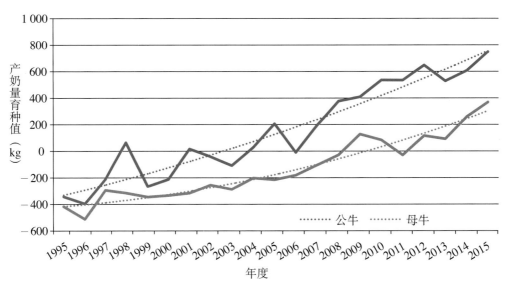

图 6-3　1995—2015 年出生的中国荷斯坦牛产奶量遗传进展趋势

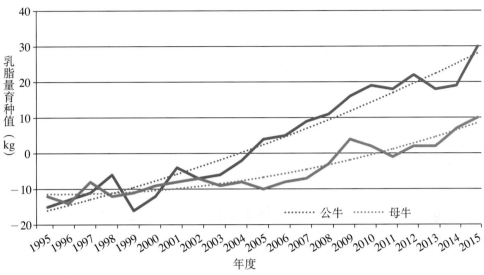

图6-4 1995—2015年出生的中国荷斯坦牛乳脂量遗传进展趋势

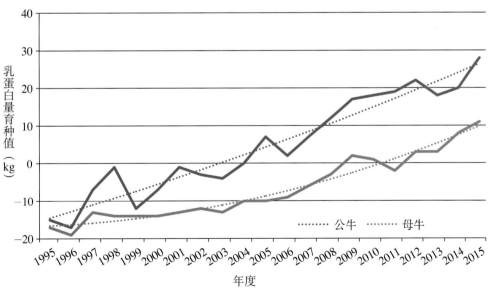

图6-5 1995—2015年出生的中国荷斯坦牛乳蛋白量遗传进展趋势

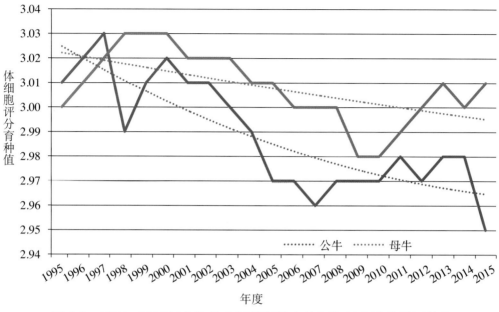

图6-6 1995—2015年出生的中国荷斯坦牛体细胞评分遗传进展趋势

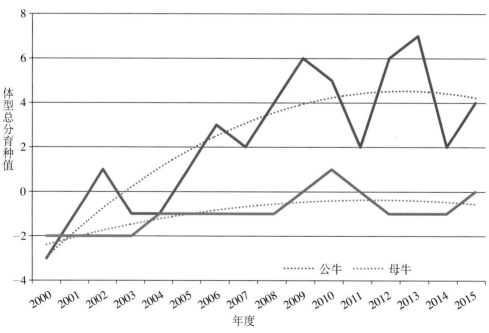

图6-7 2000—2015年出生的中国荷斯坦牛体型总分遗传进展趋势

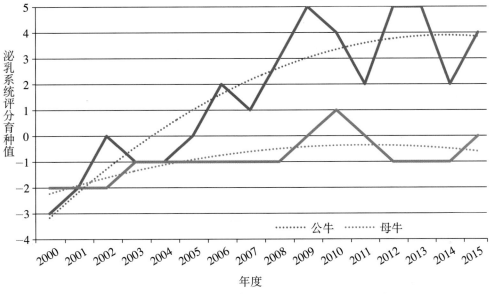

图6-8 2000—2015年出生的中国荷斯坦牛泌乳系统评分遗传进展趋势

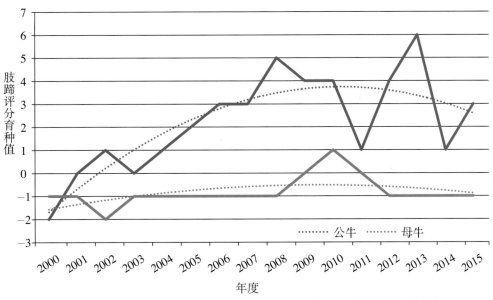

图6-9 2000—2015年出生的中国荷斯坦牛肢蹄评分遗传进展趋势

表6-1 2001—2015年出生的中国荷斯坦牛种公牛不同性状年均遗传进展情况

出生年份	产奶量（kg）	乳脂量（kg）	乳蛋白量（kg）
2001—2015	52.36	2.43	2.07
2001—2008	51.43	2.14	1.86
2008—2015	53.29	2.71	2.29

表6-2 2001—2015年出生的中国荷斯坦牛母牛不同性状年均遗传进展情况

出生年份	产奶量（kg）	乳脂量（kg）	乳蛋白量（kg）
2001—2015	49.00	1.29	1.71
2001—2008	41.14	0.71	1.43
2008—2015	56.86	1.86	2.00

七、种公牛培育

2008年以来，奶牛种业加快发展，实现量、质齐升，种公牛站育种能力、服务市场能力和抗风险能力不断增强。

（一）种公牛数量

2015年之前，中国荷斯坦牛种公牛存栏量稳定在1 800头左右，采精种公牛接近1 400头，冻精供求属于供大于求。随着2015年奶牛良种补贴项目取消，奶牛种业市场化水平进一步提高。为顺应市场发展需要，种公牛站通过适度减少种公牛存栏数量，提高种源品质，降低生产成本，提高企业市场竞争力。与此同时，国产奶牛冻精整体遗传质量逐年提高。

截至2019年底，全国持有种畜禽生产经营许可证的种公牛站38个，其中从事中国荷斯坦牛冷冻精液生产经营的种公牛站24个，在站中国荷斯坦牛种公牛存栏量为805头，比2008年减少54.8%；在站中国荷斯坦牛采精种公牛585头，比2008年减少57.5%。见图7-1。种公牛站硬件设施水平有较大提高。2019年，全国种公牛站站均固定资产约2 500万元，比

2008年提高25%。种公牛站从业人员专业技术水平总体提升。2019年技术人员总数占从业人员数达60%以上，基本都是大专以上学历，中级以上技术职称人员占比40%。

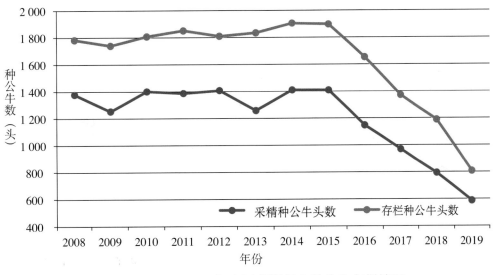

图7-1 2008—2019年中国荷斯坦牛种公牛存栏情况

（二）冷冻精液生产与销售

2019年，中国荷斯坦牛种公牛生产冷冻精液473万支，与2008年相比下降84.7%；国内公牛站共推广销售中国荷斯坦牛冷冻精液421万支，比2008年下降76.6%。见图7-2。

（三）种公牛培育进展

奶牛种公牛自主培育能力和水平显著提升。中国荷斯坦牛种公牛的来源，由2008年的活体引进或以引进胚胎移植选育为主的方式，逐步向从国外定制优质胚胎引进与国内自主培育为主的方式转变。种公牛站具有较明确的育种目标，能综合利用国际和国内优势遗传资源，有计划选配生产更加优秀的种公牛个体。对2008—2019年出生的2 751头中国荷斯坦牛种公牛系谱档案及遗传背景的分析显示，2008年出生的中国荷斯坦牛种公牛中，有20.4%是从澳大利亚活体引进的，57.9%是引进美国和加拿大胚胎培育的，自主育种占比21.7%；2019年出生的中国荷斯坦牛种公牛182头，其中进口胚胎培育117头，占比64.3%；使用冷冻精液自主培育65头，占比35.7%。2017年以后出生的种公牛中，没有直接从国外活体引进的个体。见图7-3。

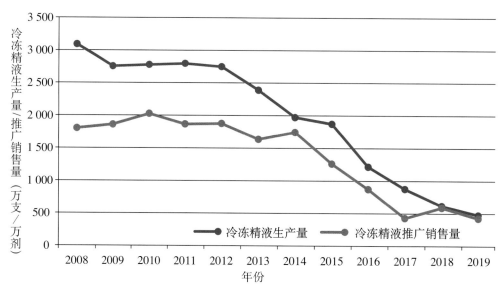

图7-2　2008—2019年中国荷斯坦牛种公牛冷冻精液生产销售情况

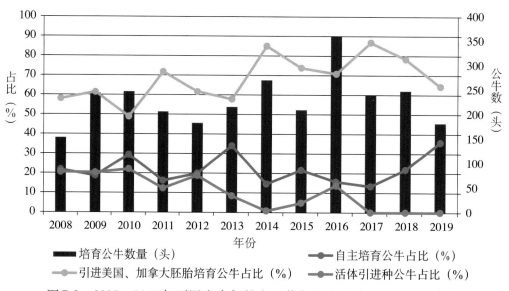

图7-3　2008—2019年不同出生年份中国荷斯坦牛种公牛培育方式分析

（四）冷冻精液产品质量

各种公牛站都设置了与冷冻精液生产相独立的产品质量检测部门，平均每个站有专职检测技术人员2～3人，采用精子密度测定仪、精液封装机、冷冻程控仪等国际先进的冷冻精液生产设备，部分种公牛站通过了ISO9001质量管理体系认证，在疫病防控方面参照国际标准，获得"牛布鲁氏杆菌净化示范场"和"牛结核病净化示范场"称号，使冷冻精液产品质量安全得到更好的保障。农业农村部2008—2019年种畜禽质量安全监督检验结果显示，我国牛冷冻精液产品合格率始终在95%以上，且逐年提升，普遍高于同期其他种畜禽抽检合格率，到2019年国产牛冷冻精液抽检合格率达到99.4%。见图7-4。

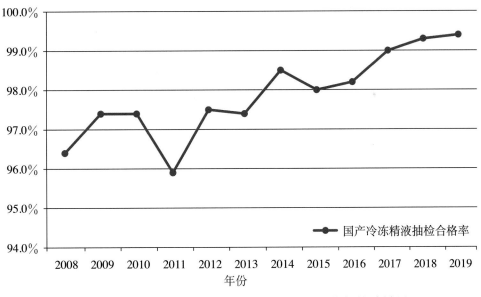

图7-4　2008—2019年我国冷冻精液质量安全监督检验结果

（五）国家奶牛核心育种场

2018年6月，《国务院办公厅关于推进奶业振兴保障乳品质量安全的意见》提出"大力引进和繁育良种奶牛，打造高产奶牛核心育种群，建设一批国家核心育种场"。按照企业自愿申报、省级畜禽种业主管部门审核推荐、专家现场评审等遴选程序，农业农村部最终遴选了第一批10家国家奶牛核心育种场，其中9家是中国荷斯坦牛核心育种场，1家是新疆褐牛核心育种场。2019年，国家奶牛核心育种场存栏中国荷斯坦牛3.85万头，其中核心群母牛5 816头，平均乳脂率4.04%，乳蛋白率3.33%，体细胞数17.29万个/mL，头胎牛年均产奶量12.71t。年度向育种企业等提供后备公牛219头。从业人员共937人，其中大专及以上学历人员236人，具有执业兽医资质人员18人。国家奶牛核心育种场的建设，弥补了我国奶牛育种工作的短板，对于增强奶牛种源自主培育和供给能力，提高良种化水平具有重要意义。

八、问题与展望

《中国奶牛群体遗传改良数据报告（2020年)》，主要分析了20多年来我国奶牛群体遗传改良数据变化，特别是以大量图表和数字分析了《中国奶牛群体遗传改良计划（2008—2020年)》实施以来，我国奶牛群体在生产性能和育种数据收集、群体产奶性能的表型和遗传变化、奶牛体型鉴定工作的推进、种公牛培育、青年公牛后裔测定、基因组检测和遗传评估工作等方面的改变和取得的进展。由于时间仓促，遗传改良数据分析还仅限于产奶性状和体型性状等方面，健康性状、繁殖性状等更多的性状变化由于收集的数据量不多，还没有包括在报告中，将来在更多功能性状的数据收集方面还要进一步加强。

21世纪是大数据快速发展时代，目前国内智慧牧场、人工智能牧场的建设日益加快，奶牛表型数据的大规模自动化测定技术将不断完善，为此需要进一步完善全国奶牛大数据育种信息平台，开展数据实时收集和质控分析，整合各类育种数据。奶牛遗传改良工作，也将依据实时测定收集的大量育种数据，开展实时分析，进行奶牛的精准育种和精细化管理。农业农村部将发布实施新一轮《全国奶牛群体遗传改良计划（2020—2035

年)》，继续加强优秀种公牛自主培育，助力奶业振兴。今后，我国奶牛群体遗传改良工作，将充分利用现代生物技术的发展，建立更加完善的奶牛基因组选择和良种繁育技术体系，充分利用国家核心育种场等资源优势，开展优秀种牛自主培育，提高良种自主供种能力，力争在奶牛生产性能测定、良种登记等育种基础性工作、奶牛繁育新技术应用、种牛自主培育能力等方面实现突破，促进我国奶牛种业创新能力持续增强，提高种业市场竞争力和养殖效益。

附　录

附录1 DHI育种数据采集来源

地区	编号	奶牛生产性能测定中心名称
北京	1101	北京奶牛中心奶牛生产性能测定实验室
天津	1201	天津市奶牛发展中心
河北	1301	河北省畜牧业协会奶牛生产性能测定中心
	1302	石家庄市奶牛生产性能测定中心（乐康牧医河北科技有限公司）
山西	1401	山西省畜牧遗传育种中心（山西省奶牛生产性能（DHI）测定管理站）
内蒙古	1501	内蒙古西部良种奶牛繁育中心
	1502	内蒙古优然牧业有限责任公司DHI实验室
	1503	内蒙古赛科星家畜种业与繁育生物技术研究院有限公司DHI测定中心
	1505	内蒙古富牧科技有限公司
辽宁	2101	沈阳乳业有限责任公司奶牛生产性能测定中心
	2102	辽宁省畜牧业发展中心DHI中心
吉林	2201	白城市畜牧总站DHI测定中心
黑龙江	2301	黑龙江省畜牧总站奶牛生产性能测定中心
	2302	大庆市萨尔图区新科畜牧技术服务中心
	2303	黑龙江省农垦科学院畜牧兽医研究所DHI中心
上海	3101	上海奶牛育种中心有限公司
江苏	3201	南京卫岗乳业检测中心（南京奶牛生产性能测定中心）
	3202	江苏省奶牛生产性能测定中心
安徽	3401	安徽省畜禽遗传资源保护中心DHI实验室
山东	3701	山东奥克斯畜牧种业有限公司
	3702	山东华田牧业科技有限责任公司
河南	4101	河南省奶牛生产性能测定有限公司
	4102	洛阳市奶牛生产性能测定服务中心
湖北	4201	湖北省畜禽育种中心
湖南	4301	湖南省DHI中心
广东	4401	广州市奶牛研究所有限公司奶牛生产性能检测中心
	4402	广东省种畜禽质量检测中心

（续）

地区	编号	奶牛生产性能测定中心名称
广西	4501	广西壮族自治区畜禽品种改良站广西奶牛DHI检测中心
四川	5101	新希望生态牧业有限公司DHI测定中心
	5102	四川省畜牧总站
云南	5301	昆明市奶牛生产性能测定中心
重庆	5501	重庆天友DHI中心
陕西	6101	陕西省畜牧技术推广总站DHI中心
甘肃	6201	甘肃农垦天牧乳业有限公司DHI实验室
	6202	中国农业科学院兰州畜牧与兽药研究所奶牛生产性能测定实验室
宁夏	6401	宁夏奶牛DHI测定中心
新疆	6501	新疆维吾尔自治区乳品质量监测中心
	6502	新疆兵团第八师畜牧兽医工作站（新疆兵团奶牛生产性能测定中心）

附录2 2019年贡献育种数据奶牛场平均305天产奶量百名榜

序号	地区	牛场编号	牛场名称	305天产奶量 (kg)
1	河北	13gc03	张家口万全区七屯牧业奶牛养殖场	12 604
2	北京	110064	北京首农畜牧发展有限公司小务牛场	12 441
3	山东	37A012	商河现代牧业	12 435
4	内蒙古	15A001	澳亚现代牧场	12 269
5	北京	110031	北京首农畜牧发展有限公司长阳三场	12 200
6	北京	110135	北京市久兴养殖场	12 169
7	北京	110015	北京首农畜牧发展有限公司金银岛牧场	12 096
8	北京	110038	北京首农畜牧发展有限公司南口三场	12 069
9	山西	14F401	怀仁县下湿庄奶牛养殖场	11 883
10	北京	110037	北京首农畜牧发展有限公司南口二场	11 854
11	河北	13eb23	北京首农畜牧发展有限公司邢台分公司	11 836
12	天津	12A020	天津嘉立荷牧业集团有限公司第八奶牛场分公司	11 829
13	山东	37AY04	东营神州澳亚现代牧场有限公司	11 825
14	宁夏	640005	宁夏农垦贺兰山奶业有限公司平吉堡奶牛三场	11 776
15	江苏	320425	申福二场	11 767
16	山东	37ZB12	淄博得益乳业第二牧场	11 766
17	河北	13ts05	河北认养一头牛乳业有限公司	11 749
18	黑龙江	23BNXH	黑龙江省九三农垦鑫海奶牛养殖专业合作社	11 713
19	北京	110046	北京首农畜牧发展有限公司三堡牛场	11 597
20	江苏	320484	宿迁市兴旺生态奶牛养殖公司	11 479
21	天津	12A006	天津嘉立荷牧业集团有限公司第五奶牛场分公司	11 474
22	山东	37AY01	东营澳亚现代牧场有限公司	11 471
23	陕西	610431	周至县集贤赵代常兴畜牧场	11 433
24	天津	12A004	天津嘉立荷牧业集团有限公司第十四奶牛场分公司	11 415
25	宁夏	64fm01	富源牧业（吴忠）有限责任公司	11 411

（续）

序号	地区	牛场编号	牛场名称	305天产奶量 (kg)
26	黑龙江	23GNQM	黑龙江省牡丹江农垦千牧奶牛养殖厂	11 399
27	河北	13f003	保定市南市区甲一奶农专业合作社	11 369
28	山西	14K203	祁县泓润牧业有限公司	11 359
29	宁夏	640166	宁夏荷利源奶牛原种繁育有限公司	11 357
30	宁夏	640009	宁夏农垦贺兰山奶业有限公司连湖奶牛场	11 350
31	内蒙古	15fm03	内蒙古富源牧业（托县）有限责任公司	11 322
32	上海	31sh35	上海希迪乳业有限公司	11 313
33	上海	310409	光明牧业有限公司至江奶牛场	11 310
34	山西	14M001	山西永济市超人奶业有限责任公司	11 281
35	内蒙古	155011	海高牧业第三牧场	11 242
36	上海	31sh75	光明牧业有限公司鸿星奶牛场	11 212
37	内蒙古	15fm05	内蒙古艾林牧业（舍必崖）有限责任公司	11 206
38	浙江	330390	美丽健浙江凤山奶牛养殖有限公司	11 180
39	河北	13bc04	迁安市广原奶牛养殖科技有限公司	11 164
40	山西	14F407	山西仁德牧业有限责任公司	11 140
41	河北	13tb03	富源牧业衡水有限责任公司	11 121
42	河南	41CJE2	偃师市高龙镇隆鑫奶牛养殖场	11 115
43	黑龙江	23NNLJ	北安农垦龙嘉牧场专业合作社	11 112
44	上海	310410	光明牧业有限公司星火奶牛二场	11 109
45	内蒙古	15fm02	内蒙古艾林牧业有限责任公司	11 100
46	河北	13rf04	固安县牧牛人奶牛养殖有限公司	11 075
47	天津	12A021	天津市惠泽牧业有限公司	11 062
48	上海	31sh17	常熟市申福奶牛场	11 051
49	宁夏	640035	宁夏贺兰山奶牛原种繁育有限公司	11 050
50	山东	37QD05	青岛佳顺养殖有限公司	11 042
51	内蒙古	158001	现代牧业（通辽）	11 025
52	河北	13df02	邯郸市肥乡区乳旺奶牛养殖专业合作社	11 018
53	黑龙江	23NNJA	北安农垦金澳牧场专业合作社	11 010
54	河北	13f005	保定市南市区星光奶农专业合作社	11 007
55	江苏	320490	淮安杰隆牧业有限公司	11 001

（续）

序号	地区	牛场编号	牛场名称	305天产奶量(kg)
56	河南	41CAHN	洛阳爱荷牧业有限公司	10 998
57	上海	31sh01	锡诚奶牛养殖有限公司	10 985
58	宁夏	640193	宁夏中地畜牧养殖有限公司	10 976
59	江苏	320373	江苏申牛牧业有限公司申丰奶牛场	10 969
60	宁夏	640066	青铜峡市康盛牧业有限责任公司	10 965
61	天津	12A008	天津嘉立荷牧业集团有限公司示范牧场一场	10 959
62	北京	110043	北京首农畜牧发展有限公司中以示范牛场	10 956
63	北京	110054	北京首农畜牧发展有限公司奶牛中心良种场	10 950
64	河北	13fb01	保定双丰牧业有限公司	10 947
65	山东	37ZB01	高青得益AA奶牛示范养殖场	10 943
66	江苏	320413	梁峰食品集团机械化奶牛场	10 933
67	安徽	340016	滁州江南牧业有限公司	10 929
68	江苏	320503	连云港东旺奶牛养殖有限公司二场	10 919
69	内蒙古	15fm04	内蒙古富源牧业（兴安盟）有限责任公司	10 914
70	上海	31sh73	上海超华奶牛养殖专业合作社	10 914
71	北京	110200	北京鼎晟誉玖牧业有限责任公司（二场）	10 905
72	河北	13gh01	富源牧业塞北牧场	10 902
73	江苏	13rh06	华夏畜牧兴化有限公司	10 885
74	黑龙江	23NNRK	九三局荣军农场荣康牧场	10 876
75	山东	370376	德州光明生态示范奶牛养殖有限公司	10 872
76	河北	13bh01	唐山市杰帅奶农农民专业合作社	10 864
77	福建	359911	顺昌县富泉农业发展有限公司	10 854
78	河北	13rh03	三河富祥奶牛养殖有限公司	10 853
79	黑龙江	23GMWM	黑龙江省牡丹江农垦振东奶牛养殖合作社	10 845
80	河北	13k002	河北首农现代农业科技有限公司B区	10 838
81	黑龙江	23NNLY	黑龙江省九三农垦麒源养殖专业合作社	10 826
82	河北	13eq04	乐源君邦牧业威县有限公司	10 799
83	河北	13ga01	涿鹿县新奥牧业有限责任公司	10 783
84	上海	31sh51	嘉兴市荣中奶牛有限公司	10 781
85	山东	37QD27	青岛绿草源奶牛场	10 772

（续）

序号	地区	牛场编号	牛场名称	305天产奶量 （kg）
86	宁夏	640173	宁夏农垦贺兰山奶业有限公司灵武奶牛三场	10 770
87	上海	31sh44	光明牧业有限公司跃一奶牛场	10 763
88	北京	110073	北京首农畜牧发展有限公司创辉牛场	10 759
89	上海	31sh42	光明牧业有限公司新东奶牛场	10 752
90	上海	310156	上海市金山区钱圩八字奶牛场	10 746
91	江苏	320502	连云港东旺奶牛养殖有限公司	10 746
92	山东	37QD31	青岛璐琨养殖有限公司	10 745
93	河北	13b601	唐山汉沽兴业奶牛养殖有限公司	10 728
94	黑龙江	23NNXO	黑龙江省九三农垦鑫澳奶牛养殖专业合作社	10 708
95	江苏	320001	日照市润生牧业有限公司	10 697
96	广州	44sg01	韶关兴农奶牛场	10 697
97	河北	13as05	河北友辰牧业有限公司	10 694
98	上海	31sh50	海门市福源牧业有限公司	10 691
99	山东	37WF13	临朐县新荷奶牛养殖有限公司	10 675
100	内蒙古	15fm06	内蒙古艾林牧业（大梁）有限责任公司	10 663

附录3 2019年贡献育种数据奶牛场平均测定日体细胞数百名榜

序号	地区	牛场编号	牛场名称	体细胞数（万个/mL）
1	河南	41BGCN	河南广春牧业有限公司	4.1
2	陕西	614418	合阳县恒源林牧有限公司	5
3	山西	14F333	山阴县康泰奶牛专业合作社	6
4	河南	41NRYN	睢县瑞亚牧业有限公司	6.3
5	甘肃	620001	甘肃农垦天牧乳业	6.6
6	云南	531227	陆良新希望雪兰奶牛养殖有限公司	7.3
7	黑龙江	23NNLY	黑龙江省九三农垦麒源养殖专业合作社	7.8
8	内蒙古	15A001	澳亚现代牧场	8
9	内蒙古	151081	内蒙古犇腾牧业有限公司（良种繁育牧场）	8.2
10	江苏	320503	连云港东旺奶牛养殖有限公司二场	8.4
11	河南	41QYRY	新蔡豫信瑞亚牧业有限公司	8.4
12	山西	140003	泰来神乳业有限公司	8.5
13	黑龙江	23NNXM	九三农垦星澳奶牛养殖合作社	8.9
14	黑龙江	23NNDS	德胜奶牛养殖专业合作社	9
15	山西	14M001	山西永济市超人奶业有限责任公司	9.2
16	河北	13fy01	保定宏达牧业有限公司	9.8
17	山东	37LC10	阳谷赵海奶牛养殖场	9.9
18	山西	14F407	山西仁德牧业有限责任公司	10
19	河南	41MCHN	三门峡市纯厚牧业有限公司	10
20	黑龙江	23ED01	肇源县仁和养殖有限公司	10.1
21	新疆	65B601	新疆天润北亭牧业有限公司	10.2
22	山西	14K205	祁县九牛农业开发有限公司	10.3
23	河南	41ACMM	荥阳市昌明乳业有限公司	10.3
24	河南	41EZXN	安阳众鑫奶牛养殖合作社	10.3
25	河北	13BJ07	滦南县顺浩牧业有限公司	10.6

（续）

序号	地区	牛场编号	牛场名称	体细胞数（万个/mL）
26	浙江	330407	杭州萧山富伦奶牛场	10.7
27	陕西	614505	中垦华山牧业有限公司	10.7
28	河南	41DRYM	鲁山瑞亚牧业有限公司	10.9
29	黑龙江	23NNHY	黑龙江省九三农垦鹤源奶牛养殖专业合作社	11
30	山东	37YT07	烟台瑞氏乳业有限公司	11
31	山东	37ZB12	淄博得益乳业第二牧场	11
32	北京	110054	北京首农畜牧发展有限公司奶牛中心良种场	11.1
33	内蒙古	15fm04	内蒙古富源牧业（兴安盟）有限责任公司	11.1
34	江苏	323201	南京优然牧业有限公司	11.1
35	河南	41RYJN	河南省雅景现代农业科技有限公司	11.2
36	黑龙江	23GNJJ	黑龙江省牡丹江农垦将军奶牛养殖专业合作社	11.5
37	山东	37A012	商河现代牧业	11.5
38	黑龙江	23EE11	林甸优然牧业有限责任公司-永合牧场	11.6
39	浙江	330349	杭江奶牛场	11.6
40	陕西	614506	陕西秦东牧业有限公司	11.6
41	黑龙江	23JNBB	黑龙江红兴隆农垦犇犇奶牛养殖农民专业合作社	11.7
42	北京	110064	北京首农畜牧发展有限公司小务牛场	11.8
43	湖南	43Jg02	湖南德人牧业科技有限公司	11.8
44	天津	12A004	天津嘉立荷牧业集团有限公司第十四奶牛场分公司	12
45	辽宁	210601	宽甸中地生态牧场有限公司	12
46	黑龙江	23BNXY	黑龙江省九三农垦鑫源奶牛养殖专业合作社	12
47	河南	41HHCN	孟州市鸿财奶牛养殖场	12.1
48	山东	37TA01	山东泰山安康生态乳业有限公司	12.3
49	山西	14L001	翼城县长峰农工商实业有限公司	12.4
50	黑龙江	23NNSA	黑龙江宝惠农牧有限公司	12.4
51	河南	41CAHN	洛阳爱荷牧业有限公司	12.4
52	北京	110207	北京昭阳牧场	12.5
53	北京	110214	北京森茂种植有限公司	12.5
54	内蒙古	15fm06	内蒙古艾林牧业（大梁）有限责任公司	12.5
55	山东	37QD31	青岛璐琨养殖有限公司	12.6

（续）

序号	地区	牛场编号	牛场名称	体细胞数（万个/mL）
56	河南	41HVQF	焦作市乾丰养殖有限公司	12.6
57	山东	37WF13	临朐县新荷奶牛养殖有限公司	12.7
58	河南	41QJLB	乐源牧业正阳有限公司	12.7
59	湖北	420385	武汉光明生态示范奶牛场有限公司	12.8
60	天津	12A006	天津嘉立荷牧业集团有限公司第五奶牛场分公司	12.9
61	江苏	326043	富源牧业宿迁有限公司	12.9
62	山东	37DZ12	山东视界牧业有限公司	12.9
63	内蒙古	155007	商都中地生态牧场有限公司	13
64	河南	41AZHH	郑州中牟谢庄红孩儿奶牛养殖场	13
65	内蒙古	15BJ03	海拉尔农牧场管理局谢尔塔拉农牧场	13.1
66	黑龙江	23EA20	大庆市甫江畜牧养殖场	13.1
67	山东	37WH06	威海纯家牧业股份有限公司	13.1
68	内蒙古	151110	内蒙古赛科星牧业有限公司	13.2
69	上海	310250	金华市一康农业发展有限公司	13.2
70	江苏	32XZ13	绿色源泉奶牛养殖场	13.2
71	山东	37R007	银香三牧	13.2
72	山东	37ZB01	高青得益AA奶牛示范养殖场	13.2
73	河北	13as02	深泽县鑫鑫奶牛场	13.4
74	河北	13c216	昌黎县青源奶牛养殖专业合作社	13.4
75	江苏	320001	日照市润生牧业有限公司	13.4
76	北京	110209	北京市沙河春山奶牛养殖有限公司	13.5
77	山西	14BJ01	山西省大同市天镇县天镇中地生态牧场有限公司	13.5
78	上海	31sh01	锡诚奶牛养殖有限公司	13.5
79	河南	41CSS1	洛阳生生乳业有限公司	13.5
80	河北	13ap91	河北省石家庄市行唐县希望牛场	13.6
81	上海	31sh42	光明牧业有限公司新东奶牛场	13.7
82	山东	37QD05	青岛佳顺养殖有限公司	13.7
83	宁夏	640173	宁夏农垦贺兰山奶业有限公司灵武奶牛三场	13.7
84	内蒙古	158001	现代牧业（通辽）	13.8
85	山东	37AY04	东营神州澳亚现代牧场有限公司	13.8

（续）

序号	地区	牛场编号	牛场名称	体细胞数（万个/mL）
86	河南	41AXYM	郑州市旭阳牧业有限公司	13.8
87	河北	13gh04	现代牧业张家口有限公司三期	13.9
88	山西	14B312	阳高县犇犇牧业有限责任公司	13.9
89	河南	41CHQR	洛阳慧泉乳业有限公司	13.9
90	河南	41GCXN	辉县市高庄诚信奶牛养殖场	13.9
91	河北	13bc02	迁安市智联农牧有限公司	14
92	河北	13f006	保定南市区绿野奶农专业合作社	14
93	内蒙古	151201	泰佳源	14
94	黑龙江	23GNJA	黑龙江省牡丹江农垦金澳奶牛饲养专业合作社	14
95	山东	37K004	威海弘昌牧业有限公司	14.1
96	山东	37WF15	潍坊汇宝奶牛场	14.1
97	山东	37WF18	北京首农畜牧发展有限公司山东分公司	14.1
98	北京	110607	北京金龙腾达养殖场	14.2
99	河南	41AXFF	郑州市荥阳富发水产养殖有限公司	14.2
100	广西	45GX02	广西石埠乳业生态观光牧场有限公司	14.2

附录4 2008—2019年持续贡献育种数据奶牛场名单

序号	地区	牛场编号	牛场名称
1	北京	110012	北京首农畜牧发展有限公司圣兴达牛场
2	北京	110015	北京首农畜牧发展有限公司金银岛牧场
3	北京	110017	北京首农畜牧发展有限公司绿牧园牛场
4	北京	110031	北京首农畜牧发展有限公司长阳三场
5	北京	110033	北京首农畜牧发展有限公司长阳四场
6	北京	110037	北京首农畜牧发展有限公司南口二场
7	北京	110038	北京首农畜牧发展有限公司南口三场
8	北京	110043	北京首农畜牧发展有限公司中以示范牛场
9	北京	110044	北京首农畜牧发展有限公司渠头牛场
10	北京	110045	北京首农畜牧发展有限公司半截河牛场
11	北京	110046	北京首农畜牧发展有限公司三垡牛场
12	北京	110054	北京首农畜牧发展有限公司奶牛中心良种场
13	北京	110055	北京首农畜牧发展有限公司草厂牛场
14	北京	110057	北京首农畜牧发展有限公司第二牧场
15	北京	110064	北京首农畜牧发展有限公司小务牛场
16	北京	110073	北京首农畜牧发展有限公司创辉牛场
17	北京	110122	北京鼎晟誉玖牧业有限责任公司（一场）
18	北京	110607	北京金龙腾达养殖场
19	天津	12A006	天津嘉立荷牧业集团有限公司第五奶牛场分公司
20	天津	12A009	天津嘉立荷牧业集团有限公司示范牧场二场
21	天津	12A016	天津嘉立荷牧业集团有限公司示范牧场四场
22	天津	12A018	天津嘉立荷牧业集团有限公司第九奶牛场分公司
23	天津	12A102	天津市武清区华明奶牛场
24	河北	13ad02	石家庄会润牧业有限公司
25	河北	13ag01	晋州市周家庄农牧业有限公司
26	河北	13at02	河北冀丰动物营养科技有限责任公司

（续）

序号	地区	牛场编号	牛场名称
27	河北	13b502	芦台经济开发区天成奶牛场
28	河北	13fa01	保定弘康奶牛养殖有限公司
29	河北	13ga01	涿鹿县新奥牧业有限责任公司
30	河北	13m001	辛集市润翔乳业有限公司
31	内蒙古	151010	托克托县古城镇牛奶场
32	内蒙古	152003	众耀牧场
33	黑龙江	23AA01	松花江奶牛场
34	黑龙江	23AA04	哈尔滨杏林牧业有限公司
35	黑龙江	23DB01	富锦市天野牧业有限责任公司
36	黑龙江	23EA03	大庆星星火农业科技有限责任公司
37	黑龙江	23ED01	肇源县仁和养殖有限公司
38	黑龙江	23GN58	黑龙江省牡丹江农垦安兴奶牛养殖专业合作社
39	黑龙江	23GNQM	黑龙江省牡丹江农垦千牧奶牛养殖厂
40	黑龙江	23MB07	安达希望奶牛场
41	上海	310108	滁州市南谯奶牛场
42	上海	310156	上海市金山区钱圩八字奶牛场
43	上海	310186	上海超华奶牛养殖专业合作社超华分场奶牛场
44	上海	310190	上海市金山区廊下畜牧种场
45	上海	310198	嘉兴市王店镇东兴奶牛场
46	上海	310204	光明牧业有限公司金山种奶牛场
47	上海	310236	海安市向阳奶牛场
48	上海	310250	金华市一康农业发展有限公司
49	上海	31sh01	锡诚奶牛养殖有限公司
50	上海	31sh12	光明牧业有限公司星火奶牛一场
51	上海	31sh14	光明牧业有限公司申星奶牛场
52	上海	31sh30	上海忆南奶牛养殖有限公司
53	上海	31sh35	上海希迪乳业有限公司
54	上海	31sh39	光明牧业有限公司东风奶牛场
55	上海	31sh42	光明牧业有限公司新东奶牛场
56	上海	31sh44	光明牧业有限公司跃一奶牛场
57	上海	31sh45	光明牧业有限公司跃二奶牛场

（续）

序号	地区	牛场编号	牛场名称
58	上海	31sh50	海门市福源牧业有限公司
59	上海	31sh51	嘉兴市荣中奶牛有限公司
60	上海	31sh75	光明牧业有限公司鸿星奶牛场
61	上海	31sh85	江苏宇航食品科技有限公司
62	山东	37QD03	青岛澳新苑畜牧有限公司
63	山东	37QD04	青岛奥特奶牛原种场
64	山东	37QD05	青岛佳顺养殖有限公司
65	山东	37TA01	山东泰山安康生态乳业有限公司
66	河南	41ANDN	郑州红星养殖信息咨询有限公司
67	河南	41CHQR	洛阳慧泉乳业有限公司
68	河南	41CJE2	偃师市高龙镇隆鑫奶牛养殖场
69	河南	41CSS1	洛阳生生乳业有限公司
70	河南	41DPHY	河南合源乳业有限公司
71	河南	41DPSY	汝州瑞亚牧业有限公司
72	河南	41GFYN	原阳县福源奶牛有限公司
73	河南	41HBN5	河南省博农实业集团奶牛养殖场
74	广东	44A003	广州华美牛奶有限公司
75	宁夏	640003	宁夏农垦贺兰山奶业有限公司奶牛一分场
76	宁夏	640004	宁夏农垦贺兰山奶业有限公司奶牛二分场
77	宁夏	640005	宁夏农垦贺兰山奶业有限公司奶牛三场
78	宁夏	640009	宁夏农垦贺兰山奶业有限公司连湖奶牛场
79	宁夏	640010	宁夏永宁蓝天奶牛养殖专业合作社
80	宁夏	640011	宁夏塞上阳光牧场养殖有限公司
81	宁夏	640012	惠农区益农金禾奶牛养殖有限公司
82	宁夏	640024	宁夏银川市忠良农业开发股份有限公司
83	宁夏	640031	贺兰欣荣奶牛养殖专业合作社
84	宁夏	640035	宁夏贺兰山奶牛原种繁育有限公司
85	宁夏	640036	宁夏上陵牧业股份有限公司
86	宁夏	640066	青铜峡市康盛牧业有限责任公司
87	宁夏	640166	宁夏荷利源奶牛原种繁育有限公司
88	宁夏	643051	吴忠市利牛畜牧科技发展有限公司

（续）

序号	地区	牛场编号	牛场名称
89	新疆	65B051	新疆呼图壁种牛场牧一场
90	新疆	65B052	新疆呼图壁种牛场牧二场

附录5 中国奶牛体型鉴定员名单

序号	注册号	姓名	工作单位
1	DAC-TY-002	石万海	北京首农畜牧发展有限公司奶牛中心
2	DAC-TY-007	汪聪勇	河南省鼎元种牛育种有限公司
3	DAC-TY-011	高耀超	北京首农畜牧发展有限公司奶牛中心
4	DAC-TY-012	侯自鹏	北京首农畜牧发展有限公司奶牛中心
5	DAC-TY-013	张凯	北京首农畜牧发展有限公司奶牛中心
6	DAC-TY-014	张建聪	北京首农畜牧发展有限公司奶牛中心
7	DAC-TY-015	曾伊凡	北京首农畜牧发展有限公司奶牛中心
8	DAC-TY-016	刘林	北京首农畜牧发展有限公司奶牛中心
9	DAC-TY-017	施亮	北京首农畜牧发展有限公司奶牛中心
10	DAC-TY-018	闫跃飞	河南省奶牛生产性能测定中心
11	DAC-TY-019	孙岩	新疆新诺生物科技有限责任公司
12	DAC-TY-020	张铁柱	内蒙古赛科星繁育生物技术（集团）股份有限公司
13	DAC-TY-021	李荣岭	山东省农业科学院奶牛研究中心
14	DAC-TY-022	瞿长伟	纽勤生物科技有限公司
15	DAC-TY-023	李鑫涛	北京首农畜牧发展有限公司奶牛中心
16	DAC-TY-024	汪湛	天津市奶牛发展中心
17	DAC-TY-025	吕昕哲	上海奶牛育种中心有限公司
18	DAC-TY-026	鲍鹏	山东奥克斯畜牧种业有限公司
19	DAC-TY-027	张希明	北京首农畜牧发展有限公司奶牛中心
20	DAC-TY-028	李善铎	内蒙古赛科星繁育生物技术（集团）股份有限公司
21	DAC-TY-029	孙伟	内蒙古赛科星繁育生物技术（集团）股份有限公司
22	DAC-TY-030	王永胜	内蒙古赛科星繁育生物技术（集团）股份有限公司
23	DAC-TY-031	李元报	河北省畜牧良种工作总站
24	DAC-TY-032	杨琳	山西省畜牧遗传育种中心
25	DAC-TY-033	吴思昊	亚达艾格威（唐山）畜牧有限公司
26	DAC-TY-034	薛光辉	山东奥克斯畜牧种业有限公司
27	DAC-TY-035	赵晓铎	上海奶牛育种中心有限公司

（续）

序号	注册号	姓名	工作单位
28	DAC-TY-036	杨晨东	河北省畜牧良种工作总站
29	DAC-TY-037	王珂	内蒙古西部良种奶牛繁育中心
30	DAC-TY-038	秦春华	宁夏四正种牛育种有限公司
31	DAC-TY-039	包玲玲	内蒙古西部良种奶牛繁育中心
32	DAC-TY-040	周增坡	河北省畜牧良种工作总站
33	DAC-TY-041	王现军	北京中地种畜有限公司
34	DAC-TY-042	王爱芳	新疆天山畜牧生物工程股份有限公司
35	DAC-TY-043	王若丞	河北省畜牧良种工作总站
36	DAC-TY-044	柳宁	内蒙古赛科星繁育生物技术（集团）股份有限公司
37	DAC-TY-045	王钟	内蒙古赛科星繁育生物技术（集团）股份有限公司
38	DAC-TY-046	李倩倩	上海奶牛育种中心有限公司
39	DAC-TY-047	程成	北京首农畜牧发展有限公司奶牛中心
40	DAC-TY-048	常占东	北京首农畜牧发展有限公司奶牛中心
41	DAC-TY-049	王亚飞	上海奶牛育种中心有限公司
42	DAC-TY-050	郝永胜	内蒙古赛科星繁育生物技术（集团）股份有限公司
43	DAC-TY-051	张健璞	先马士商贸（上海）有限公司
44	DAC-TY-052	张琨	北京向中生物技术有限公司
45	DAC-TY-053	付丰收	北京向中生物技术有限公司
46	DAC-TY-054	杨伟	先马士商贸（上海）有限公司
47	DAC-TY-055	李红燕	新疆天山畜牧生物工程股份有限公司
48	DAC-TY-056	朱启涛	内蒙古圣牧高科牧业有限公司
49	DAC-TY-057	何小军	内蒙古赛科星繁育生物技术（集团）股份有限公司
50	DAC-TY-058	杜光华	山西省畜牧遗传育种中心
51	DAC-TY-059	韩立乾	内蒙古赛科星繁育生物技术（集团）股份有限公司
52	DAC-TY-060	刘园峰	山东省种公牛站有限责任公司
53	DAC-TY-061	安朋朋	上海奶牛育种中心有限公司
54	DAC-TY-062	付海宇	内蒙古赛科星繁育生物技术（集团）股份有限公司

附录6 2012—2020年累计基因组检测中国荷斯坦牛青年公牛数量

公牛站代号	公牛站	头数
111	北京首农畜牧发展有限公司奶牛中心	365
121	天津市奶牛发展中心	135
131	河北品元畜禽育种有限公司	260
132	秦皇岛农瑞秦牛畜牧有限公司	18
133	亚达艾格威（唐山）畜牧有限公司	88
141	山西省畜牧遗传育种中心	86
151	内蒙古天和荷斯坦牧业有限公司	83
155	内蒙古赛科星繁育生物技术（集团）股份有限公司	299
211	辽宁省牧经种牛繁育中心有限公司	18
212	大连金弘基种畜有限公司	187
222	吉林省德信生物工程有限公司	21
231	黑龙江省博瑞遗传有限公司	129
232	大庆市银螺乳业有限公司	88
311	上海奶牛育种中心有限公司	355
322	南京利农奶牛育种有限公司	19
361	江西省天添畜禽育种有限公司	4
371	山东省种公牛站有限责任公司	14
373	山东奥克斯畜牧种业有限公司	412
374	先马士畜牧（山东）有限公司	84
411	河南省鼎元种牛育种有限公司	225
413	南阳昌盛牛业有限公司	5
414	洛阳市洛瑞牧业有限公司	14
441	广州市奶牛研究所有限公司	5
511	成都汇丰动物育种有限公司	12
531	云南恒翔家畜良种科技有限公司	27
532	大理五福畜禽良种有限责任公司	26

（续）

公牛站代号	公牛站	头数
611	陕西秦申金牛育种有限公司	20
612	西安市奶牛育种中心	96
631	青海正雅畜牧良种科技有限公司	15
641	宁夏四正种牛育种有限公司	61
651	新疆天山畜牧生物工程股份有限公司	294
总　　数		3 465

附录7 2017—2019年 中国荷斯坦牛种公牛遗传评估概况

站号	公牛站	2017年					2018年				2019年			
		合计	CPI1	CPI2	CPI3	GCPI	合计	CPI1	CPI3	GCPI	合计	CPI1	CPI3	GCPI
	总　计	1 801	608	316	61	816	1 476	612	99	765	1 740	805	86	849
111	北京首农畜牧发展有限公司奶牛中心	230	121	5		104	219	120	1	98	207	129		78
121	天津市奶牛发展中心	103	58	2	4	39	92	55	3	34	114	62	3	49
131	河北品元畜禽育种有限公司	102	26	21		55	86	38	6	42	106	65	4	37
132	秦皇岛农瑞秦牛畜牧有限公司	112	41	36	12	23	64	40	15	9	69	46	14	9
133	亚达艾格威（唐山）畜牧有限公司	46	6	17	3	20	25	2	6	17	48	14	12	22
141	山西省畜牧遗传育种中心	59	16	17		26	37	12	2	23	60	14	2	44
151	内蒙古天和荷斯坦牧业有限公司	134	59	35	4	36	100	63	5	32	103	81	5	17
155	内蒙古赛科星繁育生物技术（集团）股份有限公司	88	25	11	7	45	101	31	13	57	118	25	8	85
211	辽宁省牧经种牛繁育中心有限公司	7		2	5		1		1		1		1	
212	大连金弘基种畜有限公司	75				75	75			75	95			95
222	吉林省德信生物工程有限公司	21	13	1		7	7	3		4	4	3		1
231	黑龙江省博瑞遗传有限公司	132	39	63	1	29	40	19	5	16	39	30	6	3
232	大庆市银螺乳业有限公司													

（续）

站号	公牛站	2017年					2018年				2019年			
		合计	CPI1	CPI2	CPI3	GCPI	合计	CPI1	CPI3	GCPI	合计	CPI1	CPI3	GCPI
311	上海奶牛育种中心有限公司	159	59	32		68	149	66		83	202	125		77
322	南京利农奶牛育种有限公司													
361	江西省天添畜禽育种有限公司	8	2	2		4								
371	山东省种公牛站有限责任公司	18	4		2	12	18	4	2	12	18	4	2	12
373	山东奥克斯畜牧种业有限公司	144	41	13		90	173	65		108	197	93		104
374	先马士畜牧（山东）有限公司	44		10	14	20	47	1	27	19	51	1	16	34
411	河南省鼎元种牛育种有限公司	109	38	7	1	63	99	38	5	56	98	40	5	53
412	许昌市夏昌种畜禽有限公司	1				1		0						
414	洛阳市洛瑞牧业有限公司	8	3		4	1	6	2	4		8	4	4	
511	成都汇丰动物育种有限公司	2				2	2			2	2			2
531	云南恒翔家畜良种科技有限公司	24	5	15		4	8	8			8	8		
532	大理白族自治州金牛育种有限公司	15	1	7	1	6	10	2	1	7	8	3	1	4
611	陕西秦申金牛育种有限公司	31	19	12			5	5			7	7		
612	西安市奶牛育种中心	24				24	19			19	55			55
631	青海正雅畜牧良种科技有限公司	13	5	3		5	9	4		5	10	5		5
641	宁夏四正种牛育种有限公司													
651	新疆天山畜牧生物工程股份有限公司	92	27	5	3	57	92	42	3	47	112	46	3	63

图书在版编目（CIP）数据

中国奶牛群体遗传改良数据报告. 2020/农业农村
部种业管理司等编. —北京：中国农业出版社，2021.2
ISBN 978-7-109-27937-7

Ⅰ.①中… Ⅱ.①农 Ⅲ.①乳业-群体改良-遗传
改良-统计数据-研究报告-中国-2020 Ⅳ.
①S823.92

中国版本图书馆CIP数据核字（2021）第027747号

ZHONGGUO NAINIU QUNTI YICHUAN GAILIANG SHUJU BAOGAO 2020

中国农业出版社出版
地址：北京市朝阳区麦子店街18号楼
邮编：100125
责任编辑：刘 玮 文字编辑：耿韶磊
版式设计：王 晨 责任校对：吴丽婷
印刷：中农印务有限公司
版次：2021年2月第1版
印次：2021年2月北京第1次印刷
发行：新华书店北京发行所
开本：787mm×1092mm 1/16
印张：4.75
字数：170千字
定价：70.00元

版权所有·侵权必究
凡购买本社图书，如有印装质量问题，我社负责调换。

服务电话：010-59195115 010-59194918